U0250961

这本书属于：

此书献给我的母亲，以及珍妮弗、洛恩、埃莉诺、克洛艾和罗伯特等所有帮助我寻找野花的人。

——夏洛特·沃克

沉重悼念 SC.

——凯特·佩蒂

野花小指南

[英]凯特·佩蒂 文

[英]夏洛特·沃克 图

[法]邓 韫 译

伊甸园工程

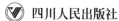
四川人民出版社

目录

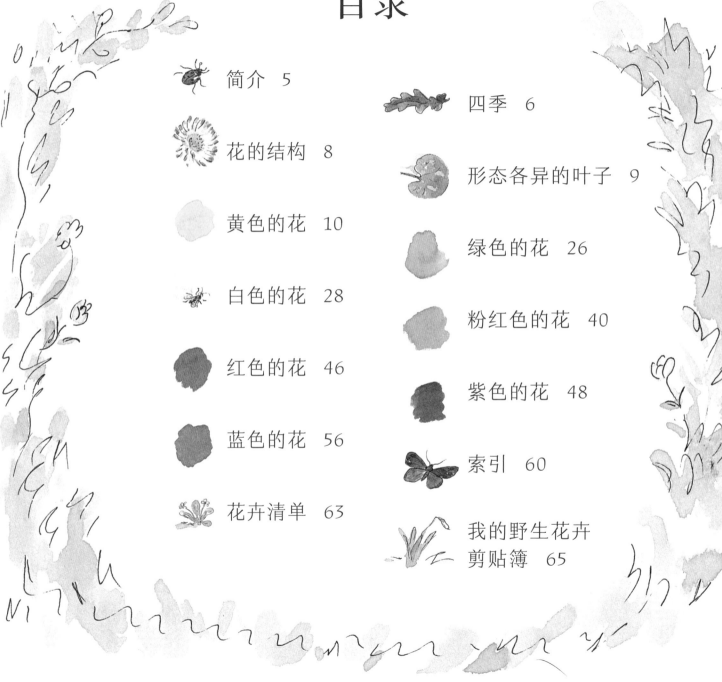

简介

你能通过本书为很多野花找到名字，它们也许在马路边，也许在院子里的草丛中，也许在路面的缝隙里，又或者在乡下或海边。

书中的花卉按照颜色分类。每一张图片旁边都有该植物的高度、生长地方、开花季节以及植物学拉丁文名称等信息。这些详细的信息能帮助你分辨易混淆的花卉。

看看你能否记住五十种不同花卉的名称。书中的每种花都有些注释或相关小故事，它们能帮助你记住花的名字。

不要在野外随意采摘野花啊。你可以凑近一些仔细观察，然后将它们留给其他人继续欣赏。你也可以试着将它们画下来。

四季

植物在不同的季节看上去会
有些不同。

春季

很多植物才刚刚冒出芽来。报春花、
黄水仙和香堇菜开始开花。很快，
黄色的榕叶毛茛 (gèn) 和蒲公英的花
朵也陆续从草丛中冒出来。再晚一些，树
林里的蓝铃花、熊葱和森林银莲花也开始开花
了，这宣告着夏天的临近。

夏季

初夏的路边长满了蝇子草、峨参、硬骨
鹅肠菜、法兰西菊、草甸毛茛和车轴草。
毛地黄在树林里开花，而海石竹和白玉
草的花朵在海边绽放。

秋季

夏天过后，你将看见果实和种子慢慢取代了一些花朵，而另有一些花会持续开放直到天气变冷。旋花在篱笆和灌木篱墙上绽放，马路边上也还能看见荷兰菊的花朵。

冬季

　　随着气温下降，很多植物在冬季都会慢慢消失，看上去好像都已凋亡。但是即使在最寒冷的天气里你也能看见荆豆仍然绽放着亮黄色的花朵。用心观察，黄水仙和蓝铃花的第一片叶子将慢慢地从寒冷的地面下冒出头来。当雪钟花细小的白色花朵出现时，春天就不远了。

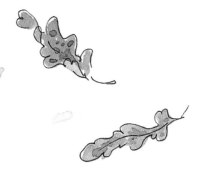

花的结构

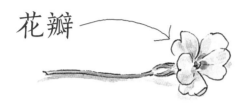

报春花有五枚花瓣。

而雏 (chú) 菊，有上百枚。

绝大部分的花在花瓣底部都有一环绿色的像小叶片似的组织，我们称之为萼片。

在花心中央，花蕊上黄色的粉末就是花粉。

形态各异的叶子

几片小叶聚在一起形成一个复叶。

车轴草

圆形的小叶子，带着轻微的光泽。

雏菊

叶片较大，柔软且具有绒毛，叶片边缘为皱巴巴的圆钝锯齿状。

毛地黄

叶片边缘为不均匀的锯齿状。

蒲公英

蓝铃花

叶片细长，顶端尖。

在鉴定植物的时候，叶片同花朵一样重要，需要好好观察叶片的大小、形状和质地。通常，花形相似的植物，其叶片的差别却很大。

黄色的花

榕叶毛茛

榕叶毛茛比其他毛茛开花早。

又名小白屈菜。当榕叶毛茛将草地变成一片缀满了金色的星星和绿色的小心心的地毯时，春天也正在慢慢地靠近。

榕叶毛茛还有个别名叫小白屈菜，但它和白屈菜实际上毫无关系。

10 厘米
树林、灌木篱墙、河岸
早春

Ranunculus ficaria
毛茛科

报春花

报春花的英文名"primrose"来自"prima rosa"，意思为"第一朵玫瑰"。闻一下，它的香气真好闻！

早春时节，我可以在灌木篱墙下找到报春花。

20 厘米
路边、铁路路基、树林
早春

Primula vulgaris
报春花科

黄水仙

从二月份开始，你就可以在院子里看见大大的黄水仙花了，但是野生的花朵会小一些，颜色也没那么鲜艳。它们通常成片成片地生长，就像诗人威廉·华兹华斯所描述的那样——"一簇簇金色的水仙*"。

*译者注：摘自英国诗人威廉·华兹华斯(William Wordsworth)的诗——《I Wandered Lonely as a Cloud》。

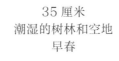

打扮得像黄水仙的迪莉
来到小镇上
穿着黄色的衬裙
和绿色的罩袍**

**译者注：这是一首英格兰儿歌，原文为：
Daffy-down-dilly
Has come to town
With a yellow petticoat
And a pretty green gown !

35 厘米
潮湿的树林和空地
早春

*Narcissus
pseudonarcissus*
石蒜科

11

款冬

款冬的叶片较大，背面密被白色棉毛，形状像小马蹄。有时叶片会在花开过之后长出来。

款冬的叶子以前被用作治疗咳嗽的药。

25 厘米
荒地
早春

Tussilago farfara
菊科

黄花九轮草

如果你在野外遇见香气甜美的黄花九轮草，那真是太幸运了！这种花现在已经不多见了。

30 厘米
田野、河岸
春季

Primula veris
报春花科

"cow-slyppe" 是牛粪哦*

*译者注：黄花九轮草的英文名为 "cowslip"，而和它读音相同的 "cow-slyppe" 则是指牛粪。

蒲公英的英文名 "dandelion" 来自法语 "dent-de-lion"，意思为 "狮子的牙齿"。看看它的叶片形状你就明白它为什么叫这个名字了。

蓬松的白色种子绒球在英文里叫 "clock"，和 "时钟" 的单词一样。

蒲公英

蒲公英的花朵迎着太阳盛开，就像一朵朵小太阳。蒲公英的嫩叶可食用，但是要当心哦，它还有另外一个名字 "wet-the-bed"，就是 "尿床" 的意思。

35 厘米
随处生长
从春季到秋季

Taraxacum officinale
菊科

连吹三口气，种子全都飞走了，该是三点钟*了！

*译者注：英国小孩儿玩的游戏。摘一朵蒲公英种子绒球，用几口气能把种子全吹散，就代表现在是几点钟。

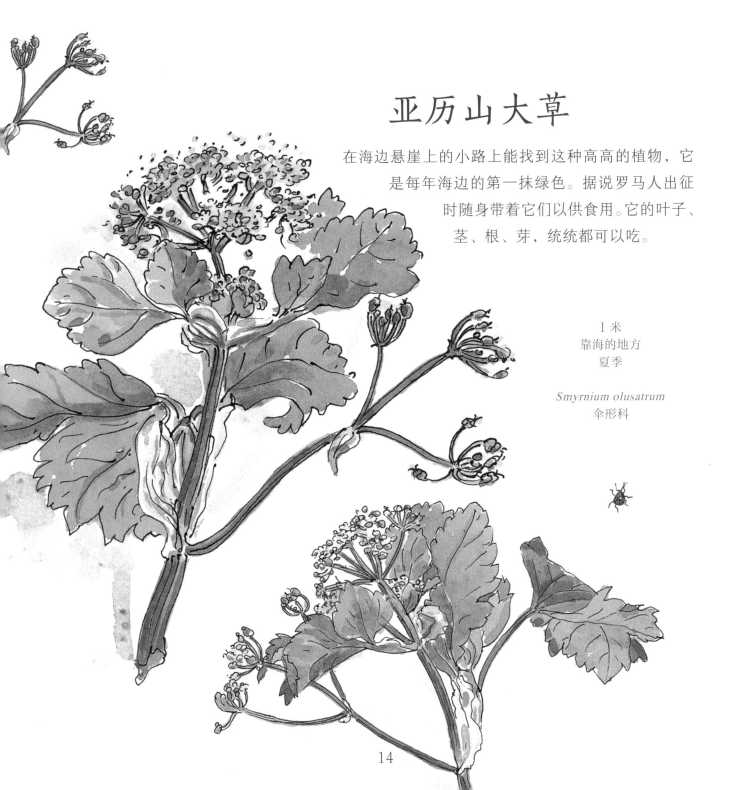

亚历山大草

在海边悬崖上的小路上能找到这种高高的植物，它是每年海边的第一抹绿色。据说罗马人出征时随身带着它们以供食用。它的叶子、茎、根、芽，统统都可以吃。

1 米
靠海的地方
夏季

Smyrnium olusatrum
伞形科

14

荆豆

又名金雀花。有种说法是，当荆豆过了花期，接吻也就不合适宜了。之所以这样说，是因为荆豆全年都开花！它的味道闻起来像椰子。

2 米
荒地、公共绿地、悬崖上的小路
全年

Ulex europaeus
豆科

荆豆的英文名为"gorse"，但它还有另外一个英文名叫"fires"，意思为"火"，大概是因为它很容易燃烧吧。

黄星绿小灰蝶很喜欢荆豆。

玉盃
bēi

你可以在海边的石头缝里发现这种外形独特的植物。它的圆形叶子的中心有个凹陷，就像个长着肚脐的小肚皮，所以它也叫"肚脐景天"，叶和柄都肉嘟嘟的。

30 厘米
石头缝隙和墙缝里
夏季

Umbilicus rupestris
景天科

15

50 厘米
潮湿的地方
夏季

Meconopsis cambrica
罂粟科

威尔士罂粟

威尔士罂_{yīng sù}粟

你不需要专门去威尔士看威尔士罂粟，
在英国其他地区的潮湿岩石地带也有
野生的分布。

三色堇

三色堇_{jǐn}

这是一种野生三色堇*。通常每朵花有
白、紫、黄三种颜色，故名三色堇。

*译者注：三色堇是欧洲常见的野花，也是一种很常见的园艺植物。

30 厘米
荒地、田野
夏季

Viola tricolor
堇菜科

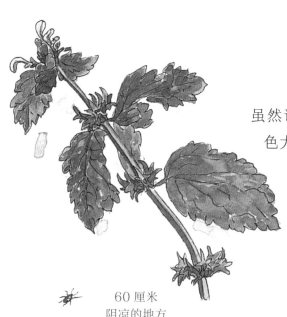

花叶野芝麻

虽然该花的英文名为"yellow archangel"，直译的意思为"黄色大天使"，但是放心好了，它不会向你射丘比特之箭的，它只是一朵常见的小野花。它的花看上去有点像一个个小嘴巴，而它的植物学名称的意思是"黄鼠狼的鼻子"。

60 厘米
阴凉的地方
夏季

Lamium galeobdolon
唇形科

白屈菜

别名地黄连、断肠草。白屈菜属于罂粟科，和小白屈菜没有任何关系。茎干中含有有毒的橙黄色乳汁。

75 厘米
河岸、路旁
夏季

Chelidonium majus
罂粟科

白屈菜的植物学拉丁名的意思为"燕子"。
在夏季，你能同时看见白屈菜的花和空中的燕子。

17

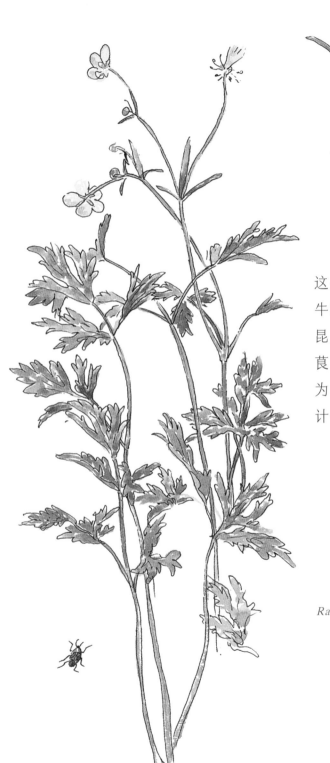

如果你的下巴泛黄光，说明你很喜欢吃黄油！

草甸毛茛

这是一种长在草场上的毛茛，味道有点苦，牛和马都不怎么喜欢吃，但是蜜蜂和其他的昆虫很喜欢它的花，因为蜜汁甜美。草甸毛茛的英文俗名叫"buttercup"，直译的意思为"黄油杯"。如果你的朋友很喜欢黄油，估计也会喜欢这漫山遍野的黄色毛茛花。

你喜欢黄油吗？

是的，我喜欢

1 米
随处生长
整个夏季

Ranunculus acris
毛茛科

55 厘米
沼泽
春季和夏季

Caltha palustris
毛茛科

黄菖蒲
chāng pú

别名黄鸢尾。这种华丽的野生鸢尾花可能就
是法国王室的百合花饰的原型。在靠
近水边的地方能找到这种花。但
是要小心，别被它锋利的叶
片割破了手。

法国王室的百合花饰

1-2 米
近水边
夏季

Iris pseudacorus
鸢 (yuān) 尾科

可以用鸢尾的叶子
制作漂亮的小船呦。

驴蹄草

又名沼泽金盏花。沼泽金盏花这个名字
真的很适合它。当你想离这些亮闪闪的
金色杯子更近一些时，你可能正在慢慢
地陷入它生长的沼泽地里。以前，人们
常将它的花枝倒挂在屋外，用来防御巫
婆和闪电。

19

欧亚路边青

过去，有些人将这种小花当作
护身符戴在身上用来驱除各
种邪灵和有毒动物，所以
这种植物又叫本笃草。
本笃是基督教的一
位圣人。

带刺的瘦果可以轻易地粘在动物的皮毛和羽毛上。

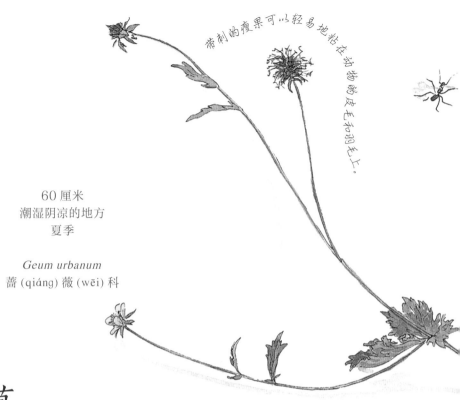

60 厘米
潮湿阴凉的地方
夏季

Geum urbanum
蔷 (qiáng) 薇 (wēi) 科

钝叶车轴草

有些人认为这才是真正的三叶草。蝴蝶和
蜜蜂很喜欢它们甜美的花蜜。

25 厘米
田野、路边
夏季

Trifolium dubium
豆科

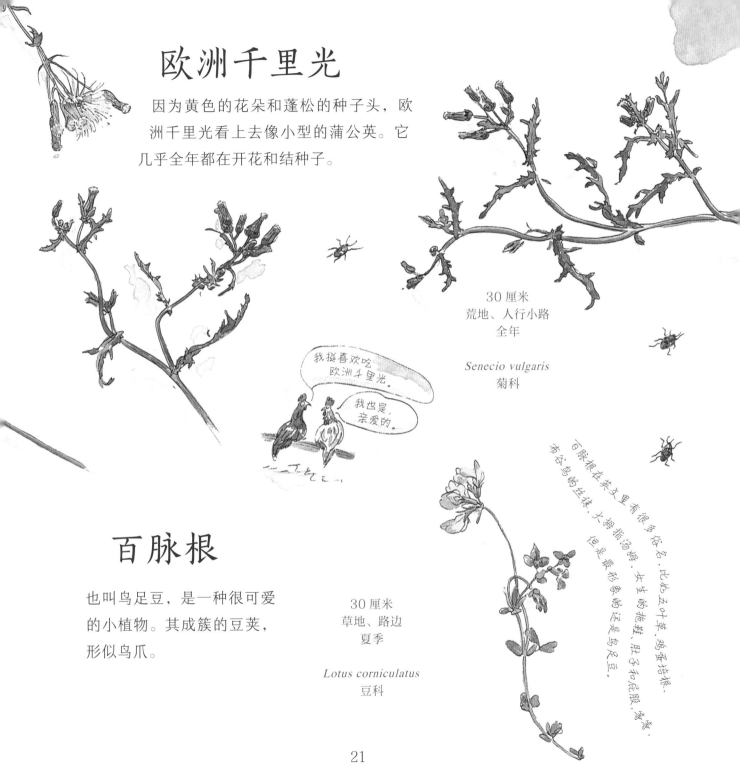

欧洲千里光

因为黄色的花朵和蓬松的种子头，欧洲千里光看上去像小型的蒲公英。它几乎全年都在开花和结种子。

30 厘米
荒地、人行小路
全年

Senecio vulgaris
菊科

我挺喜欢吃欧洲千里光。

我也是，亲爱的。

百脉根

也叫鸟足豆，是一种很可爱的小植物。其成簇的豆荚，形似鸟爪。

30 厘米
草地、路边
夏季

Lotus corniculatus
豆科

百脉根在英文里有很多俗名，比如五叶草、鸡蛋培根、夫人的拖鞋、大拇指汤姆、肚子和屁股等等。布谷鸟的丝袜、但是最形象的还是鸟足豆。

欧洲油菜

这就是画家笔下春季田野里的
那一抹明亮的黄色。欧洲油
菜的种子可以用来榨油。菜
籽油的用途很广泛，供人类
食用、工业用途或饲养动物。

快看，
到处都是黄灿灿的小花

1 米
路边和荒地
初夏

Brassica napus
十字花科

苦苣菜

茎干里含有白色汁液，所以也称牛奶蓟 (jì)。
苦苣菜是一种很常见的杂草。
兔子特别喜欢它！

1 米
犁过的田地、荒地
夏季

Sonchus oleraceus
菊科

22

新疆千里光

看上去乱糟糟的凌乱一片。有毒，
会导致动物腹部胀气。经常布满了
朱砂蛾的条纹毛毛虫。

1 米
铁路路基、路旁、荒地
夏季

Senecio jacobaea
菊科

你能凭借它
看上去参差破烂的叶片
来认出它。

菊蒿
hāo

别名艾菊。花朵看上去像小小的黄色纽扣。菊
蒿就是很早以前人们在复活节吃的"苦草"之一。
闻一闻它羽毛状的叶子。菊蒿的英文名字"tansy"
来自希腊语"athanasia"，是长生不老的意思。
因为菊蒿曾被用于包裹
等待被焚烧的尸体。

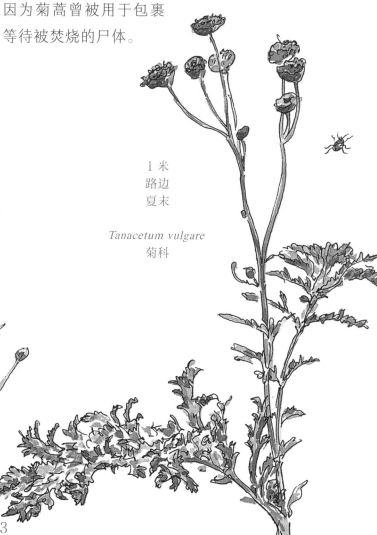

1 米
路边
夏末

Tanacetum vulgare
菊科

蜜蜂不能吸到喇叭状花朵深处的花蜜，因为它们的嘴巴像长长的吸管。飞蛾常常在夏日的夜晚循着花香翩翩而来。

圆盾状忍冬

花初开时是奶白色，然后变成黄色、粉红或红色。你经常能在花园里见到这种花，但最好还是去乡间小道旁的灌木丛上找吧。

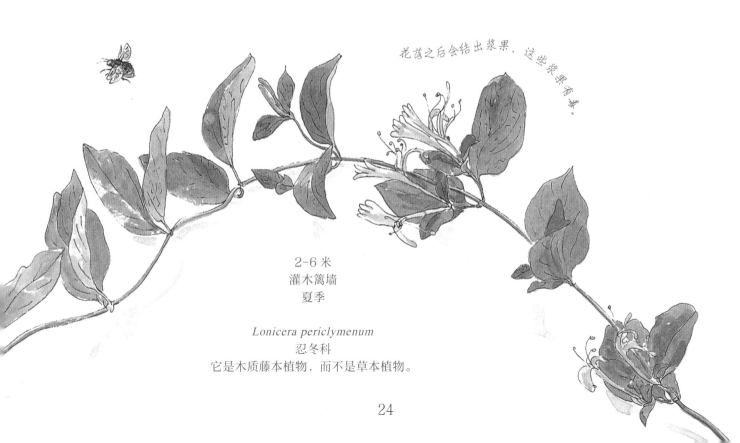

花落之后会结出浆果，这些浆果有毒。

2-6 米
灌木篱墙
夏季

Lonicera periclymenum
忍冬科
它是木质藤本植物，而不是草本植物。

疗伤绒毛花

你在海边经常能看见这种黄色的花。细细的丝状花瓣让它们看上去毛绒绒的。

50 厘米
草地、人行小道、悬崖
夏季

Anthyllis vulneraria
豆科

新疆柳穿鱼

新疆柳穿鱼和它的近缘亲戚——花园里常栽种的金鱼草一样，花瓣都像兔子的三瓣嘴。轻轻地摇晃花枝，橙色的花瓣还会像兔嘴似的一张一合。

50 厘米
草地、人行小道
夏季

Linaria vulgaris
玄参科

绿色的花

南欧大戟

大戟属的植物有很多
种，花朵都是绿色杯
状，有毒，由苍蝇传粉。
虽然叫"大"戟，但其
实南欧大戟的花朵和叶
片都很小。

30 厘米
荒地
夏季

Euphorbia peplus
大戟科

臭嚏根草

它和圣诞玫瑰是同一个属的植物。
同一植株下部和上部的叶子形状不同。

50 厘米
石灰岩地区的树林
早春

Helleborus foetidus
毛茛科

原拉拉藤

又名猪殃 (yāng) 殃。原拉拉藤是一种蔓生或
攀援状草本植物。它的小毛刺能轻易地粘在
人的衣服和动物的皮毛上。它的种子就是
通过这种方式传
播到远方。

1 米
树篱和灌木丛
夏季

Galium aparine
茜 (qiàn) 草科

刺荨麻
xún

刺荨麻之所以会扎人，是因为整株密
布刺毛。如果你捋掉它所有的刺毛，
它就再不会扎你了。刺荨麻通常
生长在人类生活的地方，因为
它喜欢富含粪便和堆肥的
土壤。幼嫩的刺荨麻
的叶子烹饪后可以
食用，很美味。

1 米
人行小道、灌木篱墙、空地
夏季

Urtica dioica
荨麻科

被荨麻刺伤后，用钝叶酸模的叶子抹擦伤处可以缓解疼痛。

白色的花

雪钟花

雪钟花破雪而出，是寒冬里的一线希望之光。
一大片雪钟花同时盛开的景象非常壮
观，但是很罕见。

20 厘米
稀疏的树林、草甸，但最常见
的还是在花园里
冬季

Galanthus nivalis
石蒜科

28

繁缕

繁缕随处生长，并且几乎是全年开花。有几个不同种，但看上去都很相似。

40 厘米
田野、花园、人行小道
全年，但夏季最多

Stellaria media
石竹科

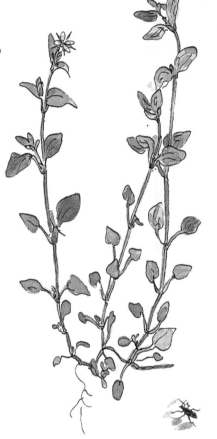

荠菜
ji

果荚的形状像迷你小钱包。同繁缕一样，它也是全年随处都能找到。

30 厘米
田野、花园、荒地
全年

Capsella bursa-pastoris
十字花科

短柄野芝麻

除了花朵，短柄野芝麻的其他部位看上去和荨麻很像。它的英文名"white deadnettle"里也包含了"nettle"（荨麻）这个词，但它其实并不是荨麻科植物，而是一种唇形科植物。

40 厘米
人行小道、荒地、灌木篱墙、路边
全年

Lamium album
唇形科

你知道这是为什么吗？因为花型实在太像一项白色睡帽了！这种花还有一个英文名字叫"奶奶的睡帽"吗？

白花酢浆草 ^(cù)

这种娇弱的植物的叶子像三叶草，下雨时叶片会闭合起来。叶子尝起来有股酸酸的味道。它的拉丁文名字里的两个单词都是"酸"的意思。

30厘米
腐叶土、林地
早春

Oxalis acetosella
酢浆草科

森林银莲花

褶皱边叶子是森林银莲花的重要辨识特征之一。你常常能看见一大片银莲花聚生在一起，花朵在微风中摇曳，这可能是为了保护花粉不要飘散得太远，便于花之间相互传粉。森林银莲花是早春开花植物，春季结束后，整个植株都好像瞬间消失了。

30厘米
腐叶土、林地
早春

Anemone nemorosa
毛茛科

它的植物学名称的意思为
"熊的蒜"。

香猪殃殃

又名香车叶草。香猪殃殃的花香芬芳，植株风干后也具有香气，常被添加在食物及酒里以增加食品的风味，也可以和衣物放一起增添香气。

30 厘米
腐叶土、石灰岩地区的林地
春季

Galium odoratum
茜草科

熊葱

也叫野韭菜。如果你在树林里闻到了洋葱的味道，那开着星星点点的花朵的熊葱可能就是这气味的来源。绿色的叶子可以像韭菜和葱一样食用。

30 厘米
潮湿的土壤、林地
春季

Allium ursinum
石蒜科

大繁缕

大繁缕的叶子以前被用作治疗针，来使运动员跑得更快。

深裂的花瓣是它的标志性特征之一。

50 厘米
路边
初夏

Stellaria holostea
石竹科

爱吃果荚的红襟粉蝶的毛毛虫常常隐藏在果荚上。

葱芥
jiè

以前葱芥是种很平常的蔬菜，但现在如果你想在冬季用它做个沙拉的话，可能仅一小把就需要你支付超过一英镑。它闻起来像葱，吃起来却是芥末的味道。食用的话需要摘取开花之前的嫩叶子。

90 厘米
潮湿的林地、阴凉的灌木篱墙
初夏

Alliaria petiolata
十字花科

长叶车前

这是一种最常见的车前草，多到你可以随处采摘。它的花枝可以用来玩飞镖游戏。这可能就是为什么它还有个英文名叫"soldiers"（士兵）吧？

30 厘米
人行小道、草坪、田野
夏季

Plantago lanceolata
车前草科

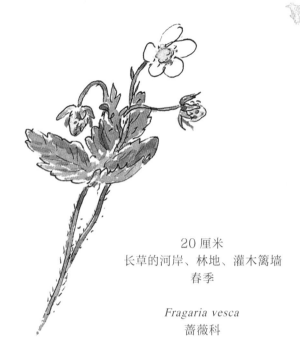

20 厘米
长草的河岸、林地、灌木篱墙
春季

Fragaria vesca
蔷薇科

野草莓

快来，这儿有可以吃的野果子！进入夏季，花朵会慢慢变成小小的甜甜的红色草莓。

捏住花头后面的茎干快速地扯下花枝，一个车前草飞镖就成了。

雏菊

这是一种很常见的野花，所以我们常常摘得心安理得。你知道吗？每一个头状花序其实都是由大约 250 朵小小的花组成的。雏菊的英文名 "daisy" 来自 "day's eye"，意思为 "白天之眼"，因为雏菊的花朵白天绽开晚上闭合。

6 厘米
草坪、田野
几乎全年

Bellis perennis
菊科

一起来做一个雏菊花环吧！摘一些较长的花茎，将第一根绕成弧形，用手指将第二根缠绕在第一根上，依次循环编下去就好了。

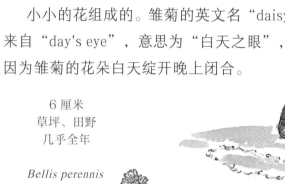

白车轴草

又名白花三叶草。奶牛和蜜蜂都很喜欢它！三叶草蜜很美味。三叶草通常是三瓣叶片，但是耐心地找一找，如果能找到四瓣叶片的三叶草的话，它会给你带来好运的哟！

25 厘米
草地
夏季

Trifolium repens
豆科

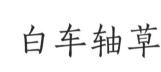

34

峨参

这就是在初夏季节给人行绿道
装饰出一条白色花边的花。

1 米
路边、树林边缘
初夏

Anthriscus sylvestris
伞形科

大锥足草

农民以前常挖它的根茎
来食用，但是现在
在英国没有许可证
的挖掘是违法的。

50 厘米
林地和草地
夏季

Conopodium majus
伞形科

法兰西菊

又名牛眼菊、玛格丽
特花。和雏菊的花很
像，但比它大。盛夏时
你常常能在路边看见大片
盛开的法兰西菊。

65 厘米
长草的河岸、田野
夏季

Leucanthemum vulgare
菊科

旋果蚊子草

花朵毛茸茸的，气味芳香，叶子像兔子耳朵一样柔软。你可以在小溪旁找到它。

1 米
潮湿的地方
夏季

Filipendula ulmaria
蔷薇科

长叶蚊子草

和旋果蚊子草属于同一个属，但是它生长在较干燥的草地上。嫩芽尖端有点红色。

60 厘米
干燥的草地、石灰岩地区
夏季

Filipendula vulgaris
蔷薇科

阿司匹林的英文名 "aspirin" 这个词来自旋果蚊子草以前的植物学拉丁文名 "Spiraea ulmaria"。

千叶蓍
shī

千叶蓍的头状花束上可能同时有白色和粉红色的小花。你可以凭借它独特的青草香和羽裂状叶子来识别。

60 厘米
草甸、灌木篱墙、路边
夏季

Achillea millefolium
菊科

千叶蓍的拉丁名中的 "*millefolium*" 的意思是 "千叶"，是用来描绘它的叶子形状的。

千叶蓍的叶子中含一种可以帮助止血的化学物质。

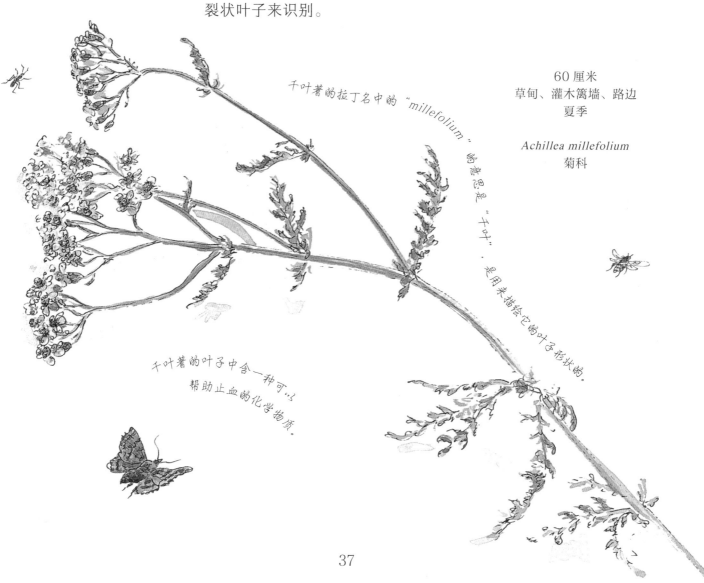

白花蝇子草

夏季的灌木篱墙上常能见到蝇子草的花，红色的、白色的，有时候也会混合形成粉红色的。

飞蛾晚上经常被白色的花朵吸引过去帮它们传粉。

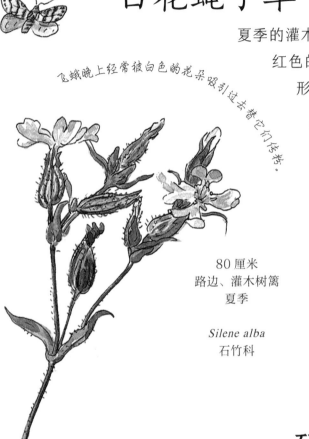

白花蝇子草的英文名"White campion"中的"campion"是"冠军"的旧英文单词"champion"

80厘米
路边、灌木树篱
夏季

Silene alba
石竹科

碎米荠

干燥的荒地上很常见的一种杂草。它的花其实并不像名字说的那样细碎。

20厘米
干燥的不毛之地和岩石地带
夏季

Cardamine hirsuta
十字花科

尚未舒展升的花蕾像一把合起来的雨伞。

藤蔓可蔓延长达 3 米
灌木树篱、溪流旁的灌木丛
夏末

Calystegia sepium
旋花科

旋花

它有一个英文名称叫 "bellbine"，描绘的是它那可爱的像铃铛一样的花朵；但它还有另外一个别名叫 "hedge-strangler"（灌木树篱的扼杀者），描绘的却是它的卷须紧紧缠绕在灌木上的凶恶模样。

80 厘米
田野、路边
夏季

Silene vulgaris
石竹科

白玉草

如果你看见一朵花，花朵的下部鼓鼓的像个球，那它就是白玉草了。

粉红色的花

草甸碎米荠

草甸沼泽上的一大片草甸碎米荠花远远看去是一片白色，但如果凑近点，你会发现它的花实际上是淡粉红色或淡紫色的。

70 厘米
沼泽和潮湿的地方
初夏

Cardamine pratensis
十字花科

仙翁花

又名布谷鸟剪秋罗、知更草。花瓣深 4 裂，看上去花朵呈撕裂状，花朵有点轻微的黏性。

70 厘米
潮湿的环境
初夏

Lychnis flos-cuculi
石竹科

当草甸碎米荠的花绽放时，你就能听见我的歌声：
"布谷！布谷！"

狗蔷薇

它要么和别的植物一起组成树篱，要么独自矗立在那里。多刺的灌木枝条上布满了漂亮的浅粉红色单瓣花朵。秋季，这些花被橙红色的果实取代。果实富含维生素 C，可以用来做成蔷薇果糖浆。

1-2 米
树林、灌木篱墙
无人照料的荒地
盛夏

Rosa canina
蔷薇科

盛夏的灌木绿篱上布满了鲜花。

<ruby>汉<rt>hóng</rt></ruby>荭鱼腥草

这种花全年都可见。粉红色和
紫红色的花朵最常见，有时也
能见到白色的花。叶子有股
独特的麝香气味，叶子的颜
色可以从亮绿色变为
棕色和红色。

红色剪秋罗

夏季在灌木绿篱下太阳直
射不到的地方，你肯定能
看见这种花。

45 厘米
树林、灌木篱墙、院墙、花园
几乎全年

Geranium robertianum
牻 (máng) 牛儿苗科

80 厘米
树林、路旁、灌木树篱
夏季

Silene dioica
石竹科

海石竹

海石竹有海蓝色、天蓝色和粉红色的花朵，它们覆盖着海边的悬崖，是你初夏季节在海边散步时常能看见的一道美丽风景。

30 厘米
海边及花园
初夏

Armeria maritima
蓝雪科

10 厘米
盐渍化沼泽、岩缝、
近海的地方
夏季

Spergularia rubra
石竹科

田野拟漆姑

田野拟漆姑并不介意涩涩的盐碱地，所以它的小红花能在海边欢快地盛开。

liǎo
春蓼

这种野草几乎是随处可见。你可以通过它叶片上的黑色斑点大致识别出来。这些斑点就像基督的血迹或魔鬼的掐痕。

70 厘米
荒地、田野、沟渠
夏季

Polygonum persicaria
蓼科

红三叶

又名红车轴草、红菽草。同它的近亲白车轴草一样，红车轴草也是奶牛和蜜蜂喜欢的植物，有助于奶牛产奶，蜜蜂酿蜜。以前，人们还用它的干花来治疗肚子疼和失眠。

50 厘米
草地、田野、草坪
夏季

Trifolium pratense
豆科

球果紫堇

它的英文名"fumitory"来自一个古老的法语单词"fume terre"，意思为"土地的烟雾"。因为它的绿色叶子就像是从地下冒出来的缥缈烟雾。

50 厘米
路边、人类活动干扰过的地方
夏季

Fumaria officinalis
紫堇科

山生柳叶菜

这种柳叶菜的花很小，粉红色，一支茎上开一朵花。随处可见。

60厘米
树林、灌木篱墙、路边、院墙
盛夏

Epilobium montanum
柳叶菜科

柳兰

这是柳叶菜科里最华丽的一种花。鲜艳的粉红色花朵经常覆盖在拆过的建筑和被火烧过的地方。所以在英文里它也被称为"fireweed"，即"火草"。蓬松的白色种子能被风吹散到很远的地方。

曾经是红色的火焰，现在是粉色的花朵。

1.5米
荒地、人类活动干扰过的地方
夏季

Chamaenerion angustifolium
柳叶菜科

红缬草

^{xié}

红缬草的花为深粉红色或白色。在
花园、铁路、马路及悬崖上常见。
玳瑁蝴蝶很喜欢它的花。

1.5 米
树林、草地，夹杂在其他较高的
开花植物中
夏季

Centranthus ruber
败酱科

沼生水苏

这种生长在沼泽地里的水苏属于
唇形科，和野芝麻同科。花瓣
上的斑纹是它的一个重要辨
识特征。

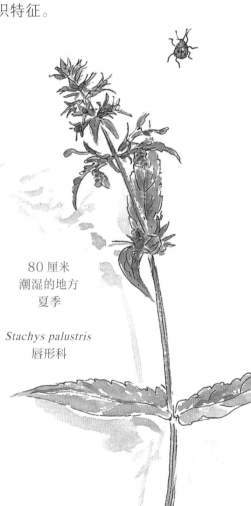

80 厘米
潮湿的地方
夏季

Stachys palustris
唇形科

红色的花

虞美人
yú

这种普通常见的红色虞美人，算得上是最大最漂亮的野花之一啦！绽开的花朵，其花瓣就像红色的丝绸，而花蕾里皱纹纸一样的花瓣也很漂亮。

虞美人喜欢被人类干扰后的环境。一战后的战地上长出了很多鲜红的虞美人，这让人们想起战士们曾经洒下的鲜血。现在人们还会佩戴虞美人的鲜花来纪念他们。

60 厘米
田野、荒地、人行小道
夏季

Papaver rhoeas
罂粟科

虞美人的种子可以用在蛋糕和面包里。

雄黄兰

又名火星花、香鸢尾。橙色的花比红色的更
常见。它不是野生花，而是人工杂交种。
原产南非，现在在路边很常见。你能
在九月缤纷的秋季色彩堆里找到它
的花。

80 厘米
路边、河岸、花园
夏末

Crocosmia hybrida
鸢尾科

琉璃繁缕

横穿小路的这些鲜红色小花朵时不时会给你带来惊喜。
花朵在快下雨时会合上，所以琉璃繁缕也被称
为"穷苦人的天气预报站"。

25 厘米
田野、荒地、人行小道
夏季

Anagallis arvensis
报春花科

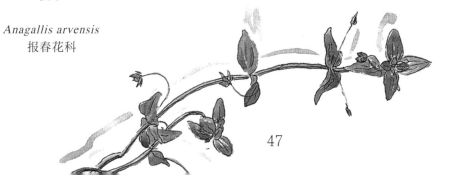

紫色的花

金钱薄荷

它的花小小的，紫色。叶子形状像常青藤，但别和常青藤搞混了。它还有多个名字，例如连钱草、欧活血丹、大马蹄草、虎咬黄。

25 厘米
树林、灌木树篱、荒地
早春

Glechoma hederacea
唇形科

卖香堇菜啦——

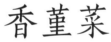

香堇菜

你经常会先闻见它浓郁的香气，然后才看见它的小花。花如其名，它正是因自己的香气而出名。

25 厘米
河岸、灌木篱墙下、树林边缘
早春

Viola odorata
堇菜科

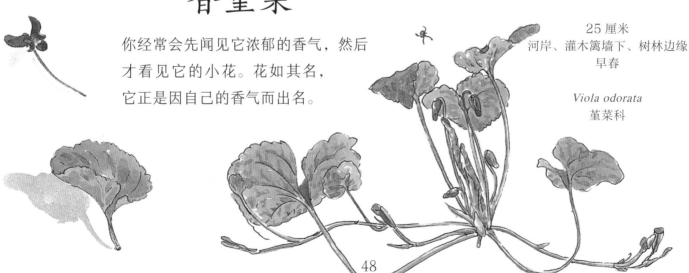

野豌豆

野豌豆属于豆科植物，匍匐茎攀援在别
的灌木上生长。黑色的果荚为鸟喙状，
所以它还有个别名叫"乌鸦豆"。

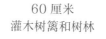

60 厘米
灌木树篱和树林

Vicia sepium
豆科

蔓柳穿鱼

又名常春藤柳穿鱼、铙钹花。在旧墙壁和台阶缝里，你能
发现这些小小的紫色花朵向着阳光盛开。当花谢了之后，
果实裂开，种子就被埋进石头缝里和墙缝里。

70 厘米
墙壁和乱石堆
夏季

Cymbalaria muralis
玄参科

毛地黄

毛地黄的花看上去很适合给狐狸做脚套或是给巫婆做顶针。叶子被用于提取地高辛——一种治疗心脏病的药物。整株植物都有毒，最好不要去碰它。

1 米
树林、灌木篱墙、河岸
夏季

Digitalis purpurea
玄参科

夏枯草

以前，乡下人用它来治疗几乎所有的疾病。据说它的属名"Prunella"来自德文"Bräune"（扁桃体炎），意思是该植物的药效可以治疗扁桃体炎这类疾病。

20 厘米
田野、河岸、草地边缘
夏季

Prunella vulgaris
唇形科

大黄蜂的尺寸大小正好适合给毛地黄传粉。

欧耧斗菜
lóu

欧耧斗菜的英文名"columbine"还有
一个意思是"和平鸽"。看看你能否
从它的花型里看出和平鸽的形状来。

70 厘米
林地、花园
初夏

Aquilegia vulgaris
毛茛科

欧洲山萝卜

这是一种生长在田野里的山
萝卜。山萝卜属有很多种，所
有种的茎干都是又硬又长。
别看它名字这么土，其实
花很好看。过去它被用于
治疗结痂疾病的痂。

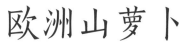

80 厘米
路边、人行小道、田野
夏季

Knautia arvensis
川断续科

欧锦葵

马路两旁和人行小道上
很常见的一种锦葵。
植株很高，有
很多大朵的紫色
花，你肯定不会
认错它。

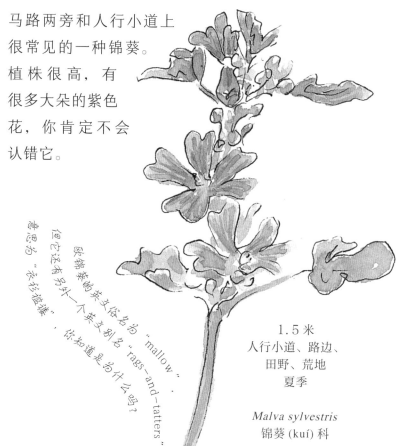

欧锦葵的英文俗名为"mallow"，
但它还有另外一个英文别名"rags-and-tatters"，
意思为"衣衫褴褛"，你知道是为什么吗？

1.5 米
人行小道、路边、
田野、荒地
夏季

Malva sylvestris
锦葵 (kuí) 科

起绒草

高大的起绒草即使在花朵凋谢之后也仍然很漂亮。刺手的瘦果以前被用于梳理绵羊身上的毛结。

2 米
路边、田野
夏季

Dipsacus fullonum
川断续科

丝路蓟的英文名叫"thistle"，而它长着毛茸茸的污白色冠毛的种子头，还有个专门的英文名词，叫"thistledown"。

丝路蓟

又名田蓟或加拿大蓟。千万小心！丝路蓟尖锐的刺能把你的手扎出血。苏格兰蓟是苏格兰的国花，但其实它是种不受欢迎的野草。

1 米
路边和田野
夏季

Cirsium arvense
菊科

喂——丝路蓟！

黑矢车菊

shǐ

黑矢车菊一眼看上去和丝路蓟有些像，
虽然也同样有很硬的茎干，但它没有
刺。这是一种体型比较小的矢车菊，
个头更大的矢车菊的叶子更多。

以前人们用黑矢车菊
来治疗割伤和烧伤。

50 厘米
路旁
夏季

Centaurea nigra
菊科

它的属名拉丁文 "Centaurea" 来自希腊神话里的半人马，
即肯陶洛斯人 "Centaurus"。传说半人马喀戎有一块被大力神
赫拉克勒斯的毒箭误伤。他便用了矢车菊来疗伤。

聚合草的花有紫色的，白色的和黄白色的。

欧白英

又名苦茄。这是茄科植物中较常见的一种
野花，不要把它和颠茄混淆了。颠茄的花
为深紫色，浆果黑色且有剧毒。欧白英的
花为蓝紫色，浆果红色但也不能食用。

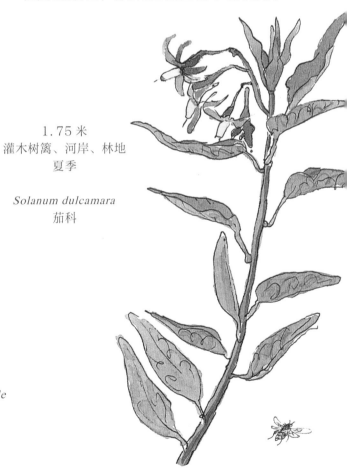

1.75 米
灌木树篱、河岸、林地
夏季

Solanum dulcamara
茄科

聚合草

又名康复力。叶片很茂盛，触摸的手感
比较粗糙。中世纪的人们把它的根茎
碾磨后制成药膏涂在骨折处，
像现在打的石膏一样，所
以它还有一个英文俗名
叫"knitbone"（织骨）。

1 米
潮湿的地方
夏季

Symphytum officinale
紫草科

帚石楠
zhǒu

别名苏格兰石楠。帚石楠在初
秋将大片的荒地变成紫色的海
洋。如果你找到帚石楠的白色
花朵，它将会给你带来好运。

60 厘米
荒地、荒原、松林
秋季

Calluna vulgaris
杜鹃花科

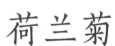

荷兰菊是 9 月 29 日的生日花。

荷兰菊

又名米迦勒雏菊、荷兰紫菀。这又
是一种从花园培育室里擅自逃出来
的花。秋季它遍布铁路的路基上和
马路旁。蝴蝶很喜欢栖息在荷兰菊
上享受日光浴。

1.5 米
路边、铁路路基、花园
秋季

Aster novi-belgii
菊科

蓝色的花

蓝铃花

又名野风信子。五月，蓝铃花将树林下和树篱装扮成一片蓝色地毯。花期时节，真的很值得去野外看看开满蓝铃花的树林的美丽景色。蓝铃花为什么也被称作野风信子呢？因为它和风信子一样具有浓郁的芳香气味。

30 厘米
林地、灌木篱墙、树下
春季

Hyacinthoides non-scripta
天门冬科

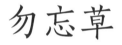

勿忘草的拉丁文属名"*Myosotis*"意思为"老鼠耳朵"，看看它的叶子形状你就知道了。

勿忘草

我不知道为什么这种漂亮的蓝色和粉色的花叫勿忘草，或许是因为它们的花朵太小太容易被忽略吧，但是这个名字确实让人难以忘记！可以在小溪边和河边找到野生的勿忘草。

45 厘米
潮湿的地方、花园
初夏

Myosotis
紫草科

56

石蚕叶婆婆纳

花期不长。石蚕叶婆婆纳的小花从草丛中钻出来，像闪亮的小眼睛一样，有些地方也叫它为"鸟眼婆婆纳"。

石蚕叶婆婆纳的英文俗名 "germander speedwell" 中的 "germander" 的意思是 "小橡树"，大概是因为它的叶子的形状像橡树的叶子吧。

绿朱草

这是一种常绿的朱草。它也是一种从花园培育室里逃出来的多叶植物，现在在灌木篱墙和河边都很常见。它的叶片粗糙多毛。

35 厘米
灌木树篱、草地、树林
初夏

Veronica chamaedrys
车前草科

80 厘米
灌木篱墙、花园
初夏

Pentaglottis sempervirens
紫草科

矢车菊

以前，人们常能看见大片的红色的虞美人和蓝色的矢车菊同时绽放在金色的麦田里，构成一幅色彩浓郁的画面。现在人们更经常在花园里看到它。去野外看看，说不定会找到花朵更大、更坚韧的多年生矢车菊。

80厘米
麦田、荒地
夏季

Centaurea cyanus
菊科

普通远志

这种小小的植物让牧场成为营养更丰富的草地，它的英文名字"milkwort"意思为"更多的牛奶"。有时可能有蓝、粉、白三种颜色的花朵出现在同一花枝上。

20厘米
草地
夏季

Polygala vulgaris
远志科

圆叶风铃草

别名苏格兰蓝钟花。花初生时直立向上，绽放后向下弯垂。花型像精巧的风铃一样，如果它们是真正的风铃，那么轻微的一点风吹晃动应该就能让它们发出清脆的铃声。

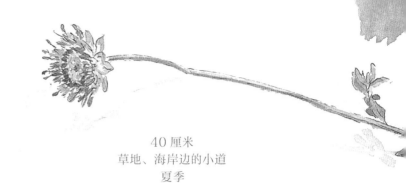

40 厘米
草地、海岸边的小道
夏季

Jasione montana
桔梗科

30 厘米
草甸、岩石区和长草的地方
夏末

Campanula rotundifolia
桔梗科

jié gěng
菊头桔梗

这种花看上去有点像欧洲山萝卜，但其实它们是不同科的植物。它生长在干燥的、羊群喜欢啃食的草地上。这应该就是它的英文名 "sheep's bit" 的来源吧。"bit" 意思为 "bite"，有咬、啃的意思。

咩——

咩

索引

（按拼音首字母排序，括号内为该植物的拉丁文学名）

秋天的葡萄叶铁线莲

花卉清单

请在你看到过的野花前打勾。

- [ ] 白车轴草
- [ ] 白花蝇子草
- [ ] 白花酢浆草
- [ ] 白屈菜
- [ ] 白玉草
- [ ] 百脉根
- [ ] 报春花
- [ ] 草甸毛茛
- [ ] 草甸碎米荠
- [ ] 臭嚏根草
- [ ] 雏菊
- [ ] 春蓼
- [ ] 刺苞麻
- [ ] 葱芥
- [ ] 大锥足草
- [ ] 短柄野芝麻
- [ ] 钝叶车轴草
- [ ] 峨参
- [ ] 法兰西菊
- [ ] 繁缕
- [ ] 狗蔷薇
- [ ] 海石竹
- [ ] 汉荭鱼腥草
- [ ] 荷兰菊
- [ ] 黑矢车菊
- [ ] 红三叶
- [ ] 红色剪秋罗
- [ ] 红缬草
- [ ] 花叶野芝麻
- [ ] 黄菖蒲
- [ ] 黄花九轮草
- [ ] 黄水仙
- [ ] 金钱薄荷

- [ ] 荆豆
- [ ] 菊蒿
- [ ] 菊头桔梗
- [ ] 聚合草
- [ ] 苦苣菜
- [ ] 款冬
- [ ] 蓝铃花
- [ ] 疗伤绒毛花
- [ ] 琉璃繁缕
- [ ] 柳兰
- [ ] 驴蹄草
- [ ] 绿朱草
- [ ] 蔓柳穿鱼
- [ ] 毛地黄
- [ ] 南欧大戟
- [ ] 欧白英
- [ ] 欧锦葵
- [ ] 欧楼斗菜
- [ ] 欧亚路边青
- [ ] 欧洲千里光
- [ ] 欧洲山萝卜
- [ ] 欧洲油菜
- [ ] 蒲公英
- [ ] 普通远志
- [ ] 荠菜
- [ ] 起绒草
- [ ] 千叶蓍
- [ ] 球果紫堇
- [ ] 榕叶毛茛
- [ ] 三色堇
- [ ] 森林银莲花
- [ ] 山生柳叶菜
- [ ] 石蚕叶婆婆纳

- [ ] 矢车菊
- [ ] 丝路蓟
- [ ] 碎米荠
- [ ] 田野拟漆姑
- [ ] 威尔士罂粟
- [ ] 勿忘草
- [ ] 夏枯草
- [ ] 仙翁花
- [ ] 香堇菜
- [ ] 香猪殃殃
- [ ] 新疆柳穿鱼
- [ ] 新疆千里光
- [ ] 雄黄兰
- [ ] 熊葱
- [ ] 旋果蚊子草
- [ ] 旋花
- [ ] 雪钟花
- [ ] 亚历山大草
- [ ] 野草莓
- [ ] 野豌豆
- [ ] 硬骨鹅肠菜
- [ ] 虞美人
- [ ] 玉盃
- [ ] 原拉拉藤
- [ ] 圆盾状忍冬
- [ ] 圆叶风铃草
- [ ] 长叶车前
- [ ] 长叶蚊子草
- [ ] 沼生水苏
- [ ] 帚石楠

伊甸园工程的目的是要在植物和人类之间建起桥梁。
它致力于增加我们全人类对这个地球大花园的了解，
并鼓励我们尊重植物，保护植物。

我的野生花卉剪贴簿

后面这些页面专属于你。你可以用来记录你所看见的野生花卉以及它们的生长环境等信息。

这本书能帮助你来鉴定在不同季节和不同地点看见的野花。你可以在后面这些空白页面用文字、绘画或照片来记录你所看见的野花。但是要记住，不要在野外随便摘野花，你只能摘你自己院子里的野花来压制干花标本。后面每页的标题只是个参考，你可以根据你的意愿来使用这些空间，任意放飞想象力。每次做记录时一定不要忘记写下日期。这些记录以后都可能会是很有用的资料。

尽情地发挥你手中的调色盘吧，画下这些漂亮的花瓣和树叶，也别忘记了你在花间遇到的小昆虫，例如蜜蜂、瓢虫和蝴蝶，甚至蚜虫。

这是属于你的空间，用花朵来填满它吧！

报春花　4月5日：花园深处有很多这种花。

春季野生花卉

香堇菜　4月12日：浴楼梯旁。香堇菜的香味很好闻。

碎米

蓝铃花　4月14日：树林里。我只看见一两朵花，但很快它就会四处遍布了。

雏菊　4月15日：花园里到处都是。我差点忘记记录下它了。

日：花园的院墙旁。它和书中的图片一模一样！

夏季野生花卉

野豌豆 7 月 5 日：灌木篱墙上。花朵是一种很可爱的紫色。

琉璃

峨参 6月1日：沿着路边有很多。

狗蔷薇 7月4日：灌木篱墙上。这可能是我最喜欢的花。

日：去树林的路上。阳光明媚，鲜花盛开。

雄黄兰 9 月 1 日：沿着马路边。我们从家里出发向北去时看见的。

秋季野生花卉和种子

圆叶风铃草 9 月 4 日：秋高气爽。我们出去散步时在路上看见了几朵圆叶风铃草的花。

荷兰菊 9月8日：铁路的路基上。整个路基都被它的花覆盖着。

帚石楠 9月10日：在苏格兰度假。一大片帚石楠，看上去满眼的紫色。

冬季野生花卉和浆果

雪钟花 2 月 5 日：花园里的樱桃树下。今天是我第一次看见它开花。

亚历山大草 2 月 7 日：悬崖上。我从

毛颂大量出现时意味着寒冷的冬天就快到了。它也叫野生铁线莲。

榕叶毛茛 2 月 7 日：奶奶的院子里。有几朵花已经开了。

雏菊 2 月 7 日：奶奶的院子里。奶奶的草坪上有好几朵像这样早早开花的雏菊。

边的那条路去奶奶家时，老是在想这是什么植物。现在我知道了！

假期看见的野花

田野拟漆姑

海石竹

苹果紫堇

呱!

圣灵降临节我们去威尔士旅游时在海边看见的这些花。

这是我第一次看见球果紫堇。

新疆柳穿鱼

疗伤绒毛花

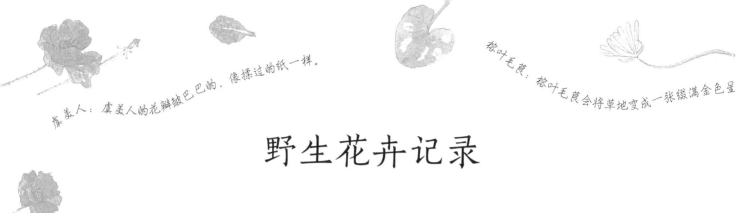

虞美人：虞美人的花瓣皱巴巴的，像揉过的纸一样。

橙叶毛茛：橙叶毛茛会将草地变成一张缀满金色星

野生花卉记录

黄水仙：忽然间我看见，一簇簇金色的水仙……

榕叶去冬比
其他各页开花早。

毛地黄的花看上去很适合给狐狸做脚套，或是给婆婆做顶针。

毛地黄：

石蚕叶婆婆纳：它们从草丛中钻出来，像闪亮的小眼睛。

圆盾状忍冬 7月3日：我很喜欢夏日夜晚里忍冬的香味。

我最喜欢的野花

旋果蚊子草 8月9日：我最喜欢的野花之一，因为它的叶子毛茸茸的像兔子耳朵。

欧耧斗菜 6 月 18 日：我很喜欢它像和平鸽一样的花型。

雏菊 3 月 30 日：我和我妹妹做了漂亮的雏菊花冠。

新疆柳穿鱼 7 月 15 日：我喜欢轻轻地捏它的花枝，看那些橙色小嘴一张一合。

矢车菊 6 月 29 日：花朵非常漂亮。蓝色也是我最喜欢的颜色。

图书在版编目（CIP）数据

野花小指南 / (英) 凯特·佩蒂文 ; (法) 邓韫译 ;
(英) 夏洛特·沃克图. -- 成都 : 四川人民出版社,
2019.1

ISBN 978-7-220-11082-5

Ⅰ.①野… Ⅱ.①凯…②邓…③夏… Ⅲ.①野生植
物-花卉-儿童读物 Ⅳ.①Q949.4-49

中国版本图书馆CIP数据核字(2018)第246148号

四川省版权局
著作权合同登记号
图字：21-2018-612

Copyright©Charlotte Voake and Kate Petty, 2004. First published as 'A Little Guide to Wild
Flowers' by Randon House Children's Publishers UK, a division of The Random House Group Ltd.

本书中文简体版权归属于银杏树下（北京）图书有限责任公司。

YEHUA XIAOZHINAN

野花小指南

著　　者　[英]凯特·佩蒂　文　[英]夏洛特·沃克　图
译　　者　[法]邓韫
选题策划　后浪出版公司
出版统筹　吴兴元
特约编辑　许治军
责任编辑　邹近　叶驰
责任印制　李剑
装帧制造　墨白空间
营销推广　ONEBOOK

出版发行　四川人民出版社（成都槐树街2号）
网　　址　http://www.scpph.com
E - mail　scrmcbs@sina.com
印　　刷　北京盛通印刷股份有限公司
成品尺寸　210mm×210mm
印　　张　4
字　　数　37千
版　　次　2019年3月第1版
印　　次　2019年3月第1次
书　　号　978-7-220-11082-5
定　　价　60.00元

后浪出版咨询(北京)有限责任公司 常年法律顾问：北京大成律师事务所　周天晖 copyright@hinabook.com
未经许可，不得以任何方式复制或抄袭本书部分或全部内容
版权所有，侵权必究
本书若有质量问题，请与本公司图书销售中心联系调换。电话：010-64010019